趁這個機會，讓我們一起探索身體的秘密吧！

75 歲

	嬰兒			8 歲	75 歲

腦袋的重量	350 克	1200 克	1230 克	1400 克	1350 克

兩者並無必然關係。

　　即使是愛因斯坦這樣的天才，他的大腦只有 1230 克，比一般人的平均值 1400 克還輕了 170 克，所以一個人聰明與否，和大腦體積和重量無關，關鍵是神經細胞的連接能力。

　　大腦是由數以千億個神經細胞組成。這些細胞互相連結，構成一個巨大的神經網絡，細胞之間的連接愈多，大腦思維就愈活躍，人就會變得聰明。

神經細胞

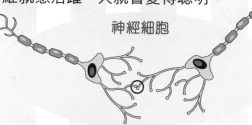

↑ 最快能以每秒 120 米的速度接收、分析、協調和傳遞訊息。

Q3 身體內的主要器官都能移植，為何腦袋不能移植呢？

　　以現今的醫療科技，心臟、肝臟、腎臟和肺等主要器官都能移植，但唯獨一個器官是例外的，那就是腦袋。

　　人類的腦袋是人體內最複雜的器官之一，它的神經系統和血管組織相當複雜，單是切斷神經就可能要花數天時間，更遑論要完成重建。而且切斷的神經一旦受損，會導致全身癱瘓，甚至死亡，移植的風險實在太高。

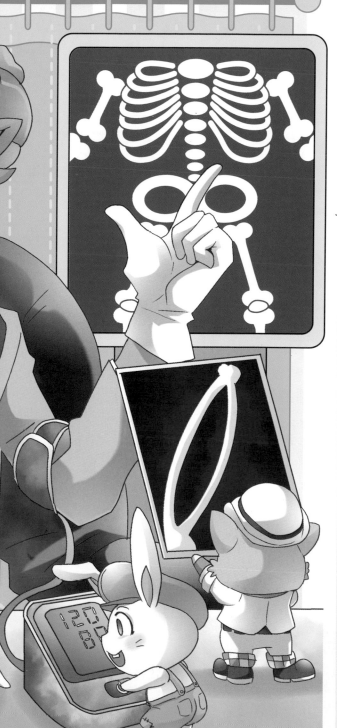

除了技術問題，也會引起倫理和道德上的爭議。

究竟我是誰？

骨骼

 全身的骨骼

支撐人體的支架，也具有保護內臟和製造血液的功能。

人體每一塊骨的形狀和尺寸都不相同，可分為長骨、短骨、扁平骨和不規則骨四類，它們會隨着我們的年齡，以及身體的成長而有所改變。

Q1 兒童的骨頭數量為甚麼比成人還要多？

這是因為兒童的骨骼尚未完全發育。

人類在嬰兒時期，骨頭數目約有 305 根，當中包括一些軟骨。但隨着年齡增長，這些軟骨就會慢慢融合並連接起來，到成年時骨頭總數就減少到 206 根。

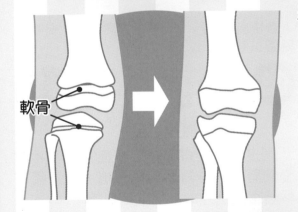

軟骨

Q2 人體內最大和最小的骨頭是甚麼？

最大
股骨（又稱大腿骨），長度約佔人體高度的四分之一。

最小
耳朵中耳腔內的三顆聽小骨，由錘骨、砧骨和鐙骨組成。其中最小的鐙骨長度只有 2.6 至 3.4 毫米，要放在顯微鏡下才能看清楚。

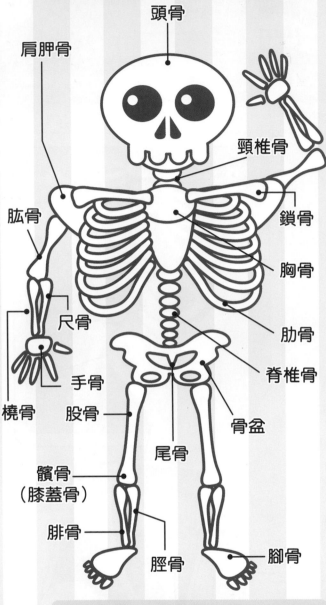

頭骨
肩胛骨
頸椎骨
肱骨
鎖骨
胸骨
尺骨
肋骨
脊椎骨
手骨
橈骨　股骨
骨盆
尾骨
髕骨（膝蓋骨）
腓骨
脛骨　脛骨　腳骨

頭骨 29 根　　軀幹骨 51 根
四肢骨 126 根（上肢 64 根、下肢 62 根）

砧骨
錘骨
鐙骨

Photo credit: Mohamad Feras Al-lahham MD

4

Q3 骨頭裏面有甚麼？

骨頭分為三層，由外而內分別是骨膜、緻密骨和海綿骨。骨內不僅有血管和神經，還有果凍狀的骨髓。

骨髓是骨頭裏最重要的組織，負責製造血液（在 P.9 會有詳細介紹），每天可以製造二千億個紅血球、一百億個白血球和四千億個血小板。這些血液細胞會通過骨頭內微細血管的孔洞進入血管，在全身運行。

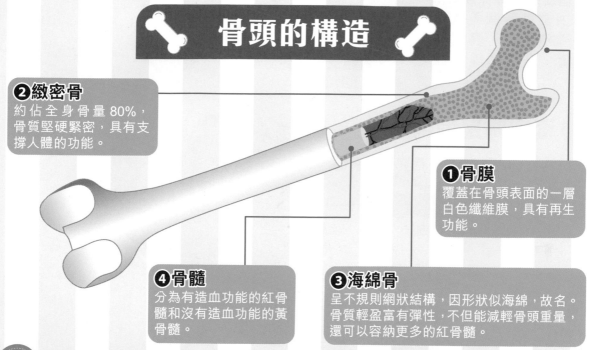

骨頭的構造

❷緻密骨
約佔全身骨量 80%，骨質堅硬緊密，具有支撐人體的功能。

❶骨膜
覆蓋在骨頭表面的一層白色纖維膜，具有再生功能。

❹骨髓
分為有造血功能的紅骨髓和沒有造血功能的黃骨髓。

❸海綿骨
呈不規則網狀結構，因形狀似海綿，故名。骨質輕盈富有彈性，不但能減輕骨頭重量，還可以容納更多的紅骨髓。

Q4 為何早上的身高比晚上高？

人的身高並不是固定不變的。由於重力作用令椎間盤發生變化，所以早上的身高會比晚上高一點點，大約會長高 1 至 2 厘米。

椎間盤是連接上下兩節脊椎骨之間的盤狀軟骨，堅韌又富彈性。

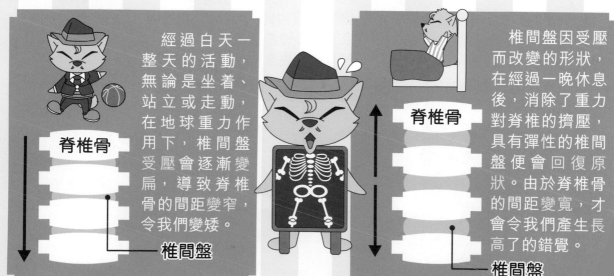

經過白天一整天的活動，無論是坐着、站立或走動，在地球重力作用下，椎間盤受壓會逐漸變扁，導致脊椎骨的間距變窄，令我們變矮。

脊椎骨

椎間盤

椎間盤因受壓而改變的形狀，在經過一晚休息後，消除了重力對脊椎的擠壓，具有彈性的椎間盤便會回復原狀。由於脊椎骨的間距變寬，才會令我們產生長高了的錯覺。

脊椎骨

椎間盤

呼吸系統
肺

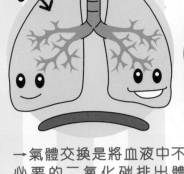

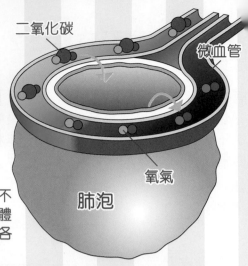

二氧化碳

微血管

氧氣

肺泡

人體呼吸系統中的重要器官，位於胸腔兩邊，四周被堅硬的肋骨保護着。

肺由數以億個柔軟如海綿的肺泡組成，表面佈滿微血管，有利氣體進行交換。

→ 氣體交換是將血液中不必要的二氧化碳排出體外，再將氧氣送到身體各個組織和器官。

Q1 兩邊肺是對稱嗎？

左肺比右肺略小，並不是完全對稱的。

肺葉數量 ....

右肺有三片。左肺有兩片。

形狀 ....

右肺因橫膈膜下方的肝臟位置影響，形狀寬而短。

心臟雖然在雙肺之間，但位置稍微偏左，所以左肺窄而長。

右肺 | 氣管 | 左肺

上葉　上葉

支氣管　支氣管

中葉

下葉　下葉

Q2 吸煙會令肺部變黑？

會。煙草含有七千多種有害的化學物質，當中超過 70 種是致癌物，包括焦油和尼古丁。焦油是一種啡黃色的黏性物質，除了令吸煙者的手指和牙齒變黃外，它的微粒還會在肺部積聚，長期吸入影響肺功能，不但令肺失去彈性，也會把肺變成黑色。

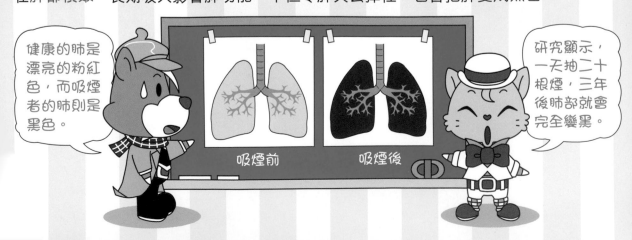

健康的肺是漂亮的粉紅色，而吸煙者的肺則是黑色。

吸煙前　　吸煙後

研究顯示，一天抽二十根煙，三年後肺部就會完全變黑。

Q3 戒煙會令變黑了的肺回復原來的顏色嗎？

很難，但變黑了的部分會逐漸變淡。

人體中不少器官都有着強大的自我修復功能，肺也不例外。戒煙後，由於沒有新的有害物質進入肺部，肺部纖毛淨化功能開始恢復，呼吸不但變得順暢，身體還會出現一些變化。

我喜歡邊抽煙邊思考。

但抽煙危害健康，福爾摩斯先生，你還是快點戒掉這習慣吧。

◇◇◇ 戒煙後的身體變化 ◇◇◇

20 分鐘
血壓和心跳回復正常

8 小時
血氧回復正常水平

48 小時
肺功能改善

2 至 12 周
血液循環改善

1 年
心臟病發機會減半

10 年
肺癌機會減半

15 年
心臟病發機會和非吸煙者相同

橫膈膜

位於肺部下方的圓拱形膜狀肌肉，除了用來分隔胸腔和腹腔外，它也是呼吸時不可或缺的肌肉，通過橫膈膜的一張一弛協助肺部呼吸。

吸氣　　呼氣

肺膨脹　　肺收縮

橫膈膜收縮向下　橫膈膜放鬆向上

呼吸過程

肺本身沒有肌肉，我們之所以能呼吸，全因為橫膈膜帶動肺部膨脹和收縮進行氣體交換。

Q1 為甚麼我們會打嗝？

這是暫時性的生理反應，一般只會持續數分鐘。

打嗝是因為橫膈膜痙攣導致聲門附近的肌肉收縮引起。當橫膈膜不自主地收縮，聲門隨之而關閉，此時吸入的空氣經過聲門，便會發出短促的「呃」聲。

吃太飽、吃太快、吃太辣和喝太多有氣飲品容易有胃氣。當胃氣過多，刺激橫膈膜，也會打嗝。

慢慢地喝一杯水或含着檸檬片，都能紓緩打嗝。

很酸啊！

心臟的構造

心臟是一個中空的肌肉組織，位置在胸腔中央偏左，形狀像一個倒轉了的圓錐體，大小和拳頭差不多。

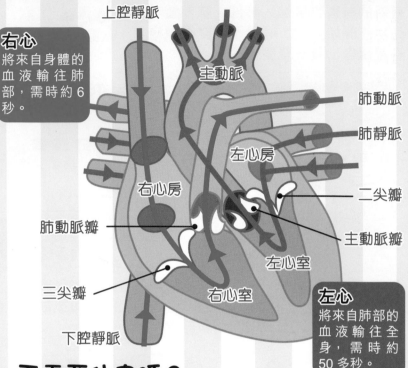

右心
將來自身體的血液輸往肺部，需時約 6 秒。

左心
將來自肺部的血液輸往全身，需時約 50 多秒。

上腔靜脈
主動脈
肺動脈
肺靜脈
左心房
右心房
二尖瓣
肺動脈瓣
主動脈瓣
左心室
三尖瓣
右心室
下腔靜脈

血液循環系統

心臟

血液循環系統的中樞。它就像一個泵，通過規律性的收縮和擴張，將血液和氧氣輸送到身體各個器官。

Q1 心臟一直跳動，不需要休息嗎？

心臟看似無時無刻都在跳動，但其實它也經常休息，只是時間極為短暫，我們難以察覺。

心臟跳動是心肌收縮和擴張的結果，帶電的微弱電流由心房傳至心室，引發心臟規律性的收縮和擴張。以一個成年人為例，每次心跳為 0.9 秒，其中收縮佔 0.3 秒，擴張佔 0.6 秒，以此推算，心臟工作（收縮）和休息（擴張）的時間比例約為 3：5，即心臟一天工作 9 小時，餘下的 15 小時都在休息。

Q2 心跳多快才正常？

心跳隨年齡轉變。一般來說，年齡愈小，心跳愈快；年齡愈大，心跳愈慢。

在靜態時的正常心跳，成人大約每分鐘跳動 60 至 100 次不等，兒童 110 至 120 次，至於長者則是 55 至 75 次。如果心跳次數超過這個範圍，就表示身體健康出現問題。

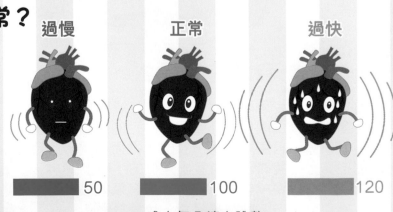

過慢　　　　正常　　　　過快

50　　　　100　　　　120

成人每分鐘心跳數

Q3 人在甚麼情況下心跳會加速？

在正常情況下，我們不會感覺到心臟的跳動。

但當我們感到害怕、緊張，或面對危險、壓力的時候，身體就會發出警報信號，刺激腎上腺素分泌，使血管收縮，加速全身血液循環，令心跳加快。此時，我們就能感覺到心臟噗通噗通狂跳。

看見喜歡的人時

進行劇烈運動時

遇到緊急情況時

害怕時

血液

從心臟輸出的血液，經由佈滿全身的血管（動脈、靜脈和微血管），將氧氣和營養輸送到身體的各個角落，同時還會將體內的二氧化碳和代謝廢物排出體外。

血液的成分

由像水一樣的血漿和許多的紅血球、白血球和血小板組成。

血小板
人體止血的第一道防線。體積雖小，但黏附力強，聚集成團後能堵住受傷的血管。
功能：幫助止血、加速凝血和修補破損血管。

紅血球
血球中數量最多，平均壽命約 120 天。
功能：輸送氧氣到全身，並將二氧化碳帶回肺部。

白血球
身體守護者。壽命很短，只能存活數小時到數天。
功能：消滅進入人體內的細菌、病毒和其他外來的入侵者。

血漿
淡黃色透明液體，其中約 90% 是水，餘下的是蛋白質、凝血因子等物質。
功能：輸送血球和各種營養到全身。

Q1 人體全身的血管有多長？

人體內大大小小的血管多達一千億條。如果把全身的血管連接在一起，約有 96000 公里，這個長度足以環繞地球 2.5 次。

環繞地球赤道一周約 4 萬公里。

Q2 血液為甚麼是紅色的？

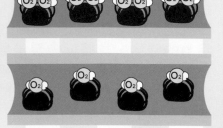

血液之所以呈紅色是因為紅血球內的血紅素，它的顏色會隨着細胞的含氧量而改變。

當血紅素含氧量高時，血液呈鮮紅色；含氧量低時，則呈暗紅色。

李大猩中槍受傷，失血過多急須輸血。小兔子自告奮勇，卻被華生醫生制止。

你們的血型不相容，不能輸血給他。

考考你們，他們之中誰能夠輸血給李大猩？

| A | B | AB | O |

Q3 血型不同為甚麼不能輸血？

血液中紅血球表面的抗原不同，血漿中的抗體也不同。

人的血型是依照紅血球表面的抗原來決定，可分為 A、B、AB 和 O 四種。如果輸入不相配的血液，即受血者血液的抗體跟捐血者的抗原不相配，便會產生排斥和引發溶血反應，嚴重的會有生命危險。因此，只有血型相容的人才可以相互輸血。

◇◇◇ 血型相容表 ◇◇◇

		受血者			
		A	B	AB	O
捐血者	A	✓	✗	✓	✗
	B	✗	✓	✓	✗
	AB	✗	✗	✓	✗
	O	✓	✓	✓	✓

萬用捐血者

可以捐血給 、B、AB 和 型的人。

萬用受血者

A、B、AB 和 O 型的人都可以捐血給他。

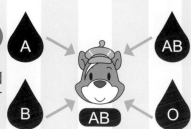

消化系統

食物消化過程

食物由食道進入胃部的時間約6至8秒。

口腔
咀嚼、磨碎食物，以便吞嚥。

肝臟
代謝重要器官，分解營養並轉化成能量。

十二指腸
將胰液和膽汁注入軟爛的食物中，有助吸收食物營養。

小腸
吸收食物中的營養和礦物質，而未被消化的食物殘渣則會送到大腸。

食道
連接通道，將食物送往胃部。

胃
分泌胃液，溶解食物。

胰臟
運送胰液和消化液到十二指腸。

大腸
食物殘渣的水分被吸收後，形成糞便。

肛門
把糞便排出體外。

各類食物的消化時間

愈難消化的食物，留在胃部的時間愈長。

0分鐘	45分鐘至2小時	1.5至4小時	8小時以上
水 	蔬菜 	奶類製品 	帶殼海鮮

30分鐘至1小時	1.5至3小時	4小時以上
水果 	穀物 	烹調過的魚或肉類 

胃

位於左腹上方，形狀像個袋子，具有很強的伸縮性。

胃在空腹狀態下只有拳頭般大，容量約有 100 毫升。當我們吃飽後，它會像汽球一樣伸展，這時胃容量可以達到 2000 毫升。數小時後，待胃裏的食物消化後，它就會恢復到空腹時的大小。

Q1 胃液能溶解金屬，卻不會溶掉我們的胃？

這是因為胃壁表面的一層保護膜——胃黏膜。由於胃黏膜分泌的黏液避免了胃液直接接觸胃壁，所以我們的胃才不會被溶掉。

胃液是一種無色透明的酸性液體，酸鹼值（pH）為 0.9 至 1.5，其強度足以把鐵釘等金屬溶掉。如果沒有胃黏膜保護胃壁，強酸就會直接侵蝕胃壁，嚴重的會導致胃穿孔。

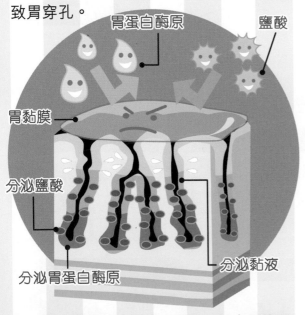

↑人體一天約分泌兩公升胃液，其主要成分有鹽酸、胃蛋白酶原和黏液。

胃蠕動的過程

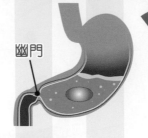

❶食物進入胃部後，胃就會分泌胃液。

❷胃部肌肉不停伸縮蠕動，將食物和胃液混合在一起，形成食糜*。

❸食糜經幽門送入十二指腸。

* 軟爛如粥般的半流質物。

食物通過胃部，大概需要2至4小時。

Q2 人真的有另一個甜品胃嗎？

我們雖然只有一個胃，但甜品胃確實存在，這在科學上是一種「感官特定的飽足感」現象。

即使再好吃的東西，吃多了也會膩，而且大腦對於已經吃過的食物，愉悅反應較小，導致食慾下降。這時候只要換個口味，吃點雪糕、甜品等，食慾就會被重新激發，而且大腦對於尚未吃過的食物，愉悅反應較活躍，就算有飽肚感，仍能繼續吃下去。

原來我只是吃膩了，而非吃不下。

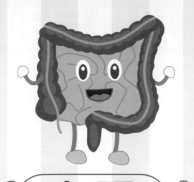

小腸

待胃部完成消化後，食物進入小腸繼續餘下的消化。

小腸是消化系統中最長的器官，可分為十二指腸、空腸和迴腸三部分。

小腸被大腸團團圍住，迂迴盤曲在腹腔內。所以食物進入小腸後需要花4至8小時才進入大腸。

大腸

整個消化過程的最後階段，可分為盲腸、結腸和直腸三部分。

約 90% 食物營養被小腸吸收後，未被消化的食物殘渣進入大腸。餘下的營養和水分再次被大腸吸收後，慢慢形成糞便，最後由肛門排出體外。

Q1 人的腸道有多長？

將小腸和大腸拉直的話，加起來的長度差不多有 8.5 米，是人體身高的 4 至 5 倍。

人類的腸道長度比例與肉食動物差不多，而草食動物的腸道則比較長。

	小腸	大腸
長度	約6至7米	約1.5米
直徑	約4厘米	約7.5厘米

動物的腸道比較

約 6 米
（體長的 4 倍）

約 8.5 米
（體長的 4 至 5 倍）

約 25 米（體長的 25 倍）

Q2 腸菌也有分好和壞？

腸菌主要棲息在大腸裏，約有 400 多種逾 100 兆個，可分為具保護性或侵略性，即對身體有益的益菌和妨礙健康的壞菌。

要維持腸道健康，關鍵在於腸菌平衡。一旦菌羣（益菌和壞菌）的平衡被打破，就會產生健康問題。

健康狀態

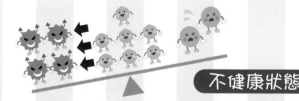

不健康狀態

腸菌的理想比例約 25% 為益菌、15% 為壞菌，中性菌佔剩餘的 60%。

數量佔了一半以上的中性菌是腸道裏的「牆頭草」，它們會因應益菌和壞菌數量而靠攏。當益菌數量較多，它們就會變成益菌，對健康有益；反之，當壞菌數量增加，它們就會變成壞菌，影響健康。

健康的作息生活習慣是很重要的。像我這樣既不定時吃飯，又不眠不休地查案，千萬不要學啊！

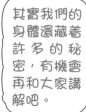

其實我們的身體還藏着許多的秘密，有機會再和大家講解吧。

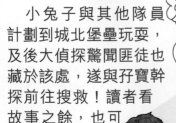

大偵探福爾摩斯
SHERLOCK HOLMES
實戰推理短篇
黃金船首像

厲河=原案 / 監修　陳秉坤=改編 / 繪畫

維克多·雨果=原作　陳沃龍、徐國聲=着色

夏洛克
天資聰穎，長大後成為了倫敦最著名的私家偵探。

猩仔
少年時代的李大猩，頑皮又好勝。

　　這天，唐泰斯忽然**心血來潮**，想到船上吹吹風，於是化身成桑代克，登上了一艘在泰晤士河航行的渡輪。

　　渡輪剛開到河中心，身後就傳來了一個聲音。

　　「**新丁3號！新丁3號！**」

　　「唔？這聲音好熟，難道——」桑代克回頭一看，果然不出所料，又是猩仔。

　　「**豈有此理**，又在跟蹤我嗎？」桑代克怒瞪着猩仔問。

　　「不是啊！」猩仔慌忙搖頭道，「是爺爺叫我**送信**去對岸的碼頭，我才登上這艘渡輪的。」

　　「猩仔沒說謊，是真的。」這時，夏洛克也從舢板的另一邊跑過來說。

　　「啊？你怎麼也在這裏？」桑代克詫異。

　　「猩仔說一個人送信很悶，我就來陪他了。」

　　「原來如此。」桑代克歎了一口氣說，「本想靜靜地吹吹風，沒想到又被你們破壞了。」

　　「哎呀，吹風太悶啦，不如**吹牛**吧！」猩仔嚷道。

　　「吹牛？甚麼意思？」

　　「上次那個**海盜王**的故事，不就像**吹牛**嗎？哪有那麼神奇啊！」

「吹牛嗎？嘿嘿嘿，唐小斯的遭遇實在太神奇了，確實有點像吹牛呢。」桑代克笑道，「你們想聽我繼續**吹吹牛皮**，講講海盜王的故事嗎？」

「**想聽！想聽！**」猩仔興奮地叫道，「我最喜歡吹牛！不，我最喜歡聽你説故事了！」

「我也想聽呢！」夏洛克也充滿期待地説。

「好吧，就讓我繼續説下去吧。」桑代克靠在欄杆上，迎着**冷颼颼**的海風説，「有一次，海盜王的**安妮女王復仇號**遇上了**商船杜蘭德號**，為了搶劫商船運載的物資，**安妮女王復仇號**馬上展開攔截。杜蘭德號慌忙開足馬力逃走，可是，它前行的方向卻突然吹來一陣**濃霧**……」

「船長，前面起霧了！」杜蘭德號上的大副叫道。

「我知道！但我們必須擺脱海盜王的船！不能減速啊！」船長高聲應道。

黑壓壓的濃霧如一頭猛獸般撲至，杜蘭德號也只好**迎頭而上**。

「大家準備！我們要衝進濃霧了！」船長的吼叫剛下，迷霧在剎那間就把整艘船**吞噬**了。幸好，空中的太陽仍能透過濃霧，瀉下一點點**灰灰暗暗**的微光，把周遭照得**若隱若現**。雖然沒有下雨，但在厚厚的霧氣下，船上的人都感到渾身**濕漉漉**的。

「不要鬆懈！注意前方！」船長高聲提醒。

聽到船長這樣説，瞭望員慌忙抓起望遠鏡往船首望去，忽然，一隻**巨大的鬼爪**閃現了一下，很快又被濃霧蓋過了。

「船長！是**鬼爪岩**！它就在前方！」瞭望員不禁驚呼。

「甚麼？」船長拚命地**扭舵**，但已經太遲了。

「**轟隆**」一聲響起，一股強烈的震動同時襲至，船員們紛紛跌倒在舺板之上。

杜蘭德號硬生生地撞在岩礁上，狀如鬼爪的**尖岩**就像利劍似的戳破了船身。船員們還未回過神來，海水已湧進船艙，發出「**嘩啦嘩啦**」的嚇人聲響。杜蘭德號仿如一頭被戳得**開膛破肚**的公牛一樣，剎那間已返魂乏術。

「快把**救生艇**放下海！」船長一聲令下，喚醒了被**突如其來**的意外嚇得**傻楞楞**的船員。他們合力把救生艇放到海中，**跌跌撞撞**地登上小艇後就拚命地划呀划，迅速逃離那艘**岌岌可危**的杜蘭德號。

「後來怎樣了？杜蘭德號的人能**逃出生天**嗎？」聽到這裏，猩仔不禁緊張地向桑代克問道。

「他們沒事，最終仍能逃出生天。否則，就沒有人知道他們撞船時的情況了。」

「那麼，海盜王他們呢？」夏洛克問，「他們怎麼了？」

「他們嗎？」桑代克**故作神秘**地一笑，「他們看到的才是**高潮**所在，不過，你們聽的時候也要自己**動動腦筋**啊，否則就沒意思了。」

當迷霧散去，安妮女王復仇號發現杜蘭德號時，已**人去船空**。

「愛德華船長！再三確認了，那艘商船撞上了鬼爪岩！」瞭望員高聲向海盜王報告。

「鬼爪岩嗎？」愛德華眯起眼睛看去，只見一大一小的兩座巨礁聳立在前方，由於形狀有如**兩隻巨大的鬼手指**，人們就將它畏稱為「**鬼爪岩**」。

「派一些人馬過去──」但愛德華還未說完，一個**滔天巨浪**撲至，「嘩啦」一聲捲起了杜蘭德號，並把它沖到半空。接着，它如同**隕石急墜**似的，又筆直地墮下，撞到鬼爪岩的中間去。

「轟隆」一下巨響，杜蘭德號迅即化成碎木，轉眼間就在大海中消失了。但奇怪的是，它的船頭卻幾乎**完好無缺**地卡在鬼爪岩上，並沒有沉到海裏。

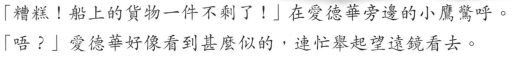

「糟糕！船上的貨物一件不剩了！」在愛德華旁邊的小鷹驚呼。

「唔？」愛德華好像看到甚麼似的，連忙舉起望遠鏡看去。

「怎麼了？」小鷹問。

「嘿嘿嘿，幸好船頭被岩礁卡住了，它前端有個純金雕製的**海王波塞冬船首像**，是個**價值連城**的寶物。」

「真的嗎？但現在**波濤洶湧**，船稍為靠近，隨時都會被巨浪推到岩礁上，不撞個**粉身碎骨**才怪啊！」小鷹說，「看來，要等海面平靜下來後，才可以派人去取呢。」

「不！這條航道常有其他海盜船出沒，要是被他們看到就麻煩了。為免**夜長夢多**，必須儘快把船首像拿下！」

「可是──」

「大家聽着！」未待小鷹說完，愛德華已轉身向手下們高聲喊道，「杜蘭德號的船首上有個黃金雕像，誰能把它拿下，俺除了賞他**黃金20兩**外，還可完成他一個**心願**！」

海盜們**議論紛紛**，卻沒一個有膽子走出來。

「哼！你們平時最愛**自吹自擂**，現在居然──」

「**我去！**」突然，一個人在人羣中舉起手喊道。

「啊！」小鷹定睛一看，心中不禁赫然，**「唐小斯？**他不想活嗎？」

唐小斯大步踏前，向海盜王問道：「如能取得黃金雕像，我可以**恢復自由**嗎？」

「唐大哥！」小鷹企圖**出言阻止**，但愛德華舉手一揚，制止她說下去。

「恢復自由？看來你在這裏**已獃得不耐煩**了呢。」愛德華冷冷地一笑，「可以啊。如果你能活着把黃金雕像帶回來的話。」

「那麼，請借我小艇一用。」

海盜們**竊竊私語**，有些佩服唐小斯的勇氣，有些卻認為他只是逞強好勝，對他的魯莽**嗤之以鼻**。

但對唐小斯來說，這是個回復自由的好機會。他已被迫當了兩年海盜，其間在海盜身上學會了不同的**搏擊術**，又成為一個能**百步穿楊**的神槍手，並從一個被擄的醫生那兒學習了醫術。更重要的是，海盜生涯讓他變得**渾身是膽**。他要學的已學了，現在是回家的時候了。

不一刻，唐小斯已揹上工具包，踏上了下船的繩梯。

但小鷹仍不放心地抓住他問：「唐大哥，你真的要去嗎？很危險呀。」

「我的家人等着我，而且，我也必須回去**復仇**。」唐小斯以堅定的眼神盯着小鷹道，「別擔心，我不會失敗，我一定會完成任務的！」

「明白了……」小鷹只好鬆開抓着唐小斯的手，看着他敏捷地攀下**劇烈搖晃**的繩梯，跳到一隻小艇上。

「唐小斯！加油！」

「不要死呀！」

「一定要把船首像拿回來呀！」

在鼓勵的呼喊聲下，唐小斯划着小艇衝進了**波濤洶湧**的海浪之中，直往鬼爪岩划去！

愛德華在船頭看着在巨浪中**載浮載沉**的小艇，神色凝重地低吟：「他是一個人材，就這樣**葬身大海**，實在太可惜了。」

「甚麼……？」小鷹在旁聽到，焦急地問，「唐大哥他……他會**葬身大海**？」

「在這種巨浪中，要靠岸又談何容易。如果他強行靠岸，只有兩個結果，一是被從岩礁反彈回來的巨浪淹沒，一就是被從後襲至的巨浪推向岩礁，撞個**粉身碎骨**。」

「爸爸！太可惡了！你明知這樣，為何仍允許他冒險？」小鷹急得不顧尊卑地罵起來。

「小鷹，**男子漢大丈夫**生下來就得冒險，何況我們是當海盜的。」愛德華歎道，「唐小斯既然選擇了冒險，就不應阻止，是生是死，就看他的**造化**了。」

這時，小艇雖然已逐漸逼近鬼爪岩，但它在浪尖中苦苦掙扎，隨時都會被巨浪**吞噬**，看樣子已**劫數難逃**。當一眾海盜以為唐小斯必死無疑之際，突然，天空中透出**一縷陽光**，照亮了黑壓壓的海面。不一刻，烏雲漸散，巨浪竟也變得愈來愈弱，海面亦逐漸平靜下來。

「看！唐小斯的小艇靠岸了！」瞭望員興奮地指着前方高呼。

「好厲害！他靠岸了！」

「嘩！真是個**奇跡**！」

「實在**不可思議**啊！」

「爸爸！唐大哥他……他得救了！」小鷹**喜極而泣**。

「嘿嘿嘿，沒想到老天爺幫了他一個大忙。」愛德華摸了一下大鬍子，罕有地以佩服語氣道，「這小子不但**有勇有謀**，還受到**幸運之神的眷顧**呢！」

唐小斯靠岸後，迅速登上了岩礁。這時，他才注意到岩礁下到處都是木板碎、破帆布和斷掉的繩索，看來都是杜蘭德號的殘骸。

「真的是**天助我也**，要不是天氣突然放晴，我和小艇一定會**死無全屍**呢。」唐小斯心中慶幸。

就在這時，「**砰**」的一聲響起，一塊爛木從高處墜下，剛好擊中他身旁的礁石。他慌忙舉頭往上面看去，只見卡在兩座岩礁之間的船首**搖搖欲墜**，看來馬上就要掉下來了。

「糟糕，要是船首掉入海中，要取得船首像就更困難了！」想到這裏，他趕緊把小艇繫好，然後抓住濕滑的岩石，一步一步地攀上鬼爪岩。

當他攀到岩頂時，卻發現原來船首仍連接着一大塊**殘缺的舺板**，只要把它當作踏腳板，就能接近船首像。不過，他看着**殘缺不全**的舺板，卻不知道如何前進，因為稍一不慎踏空了，就會摔個**粉身碎骨**！

「好，破解謎題的時間到了。」桑代克説。

「哎呀！為甚麼老是在故事中途問問題啊？」猩仔抱怨。

「嘿嘿嘿，緊要關頭，當然要**賣個關子**啦。」桑代克笑道。

「一邊聽故事，還能一邊**訓練腦筋**，我覺得很好玩呀。」夏洛克拍拍猩仔的肩膊説，「我們一起加油吧！」

「好吧，快點問！我想快點聽故事！」猩仔鼓起腮子説。

桑代克掏出記事本，在上面畫了一幅**平面圖**，並問道：「唐小斯發現舺板已經**破破爛爛**，但他卻必須走到船首（B點）取下黃金雕像。那麼，你們知道他怎樣才能走到B點嗎？」

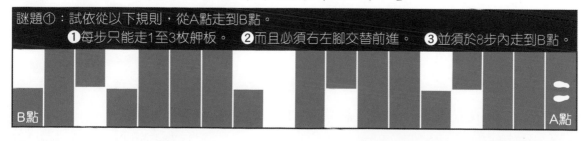

謎題①：試依從以下規則，從A點走到B點。

❶每步只能走1至3枚舺板。　❷而且必須右左腳交替前進。　❸並須於8步內走到B點。

B點　　　　　　　　　　　　　　　　　　　　　　　A點

「最後一步必須是**左腳**呢。」夏洛克看着平面圖說，「我知道答案了。」

「等等我啊！你也太快了吧！」狸仔急了。

「只要**反過來**從B點走到A點，很容易就找到答案呀。」夏洛克在記事本上畫出了答案。

「答對了。」桑代克笑道，「你已掌握了變換**思考角度**的要訣呢。」

「既然答對了，就快點繼續說故事吧。」狸仔催促。

你能否在8步之內去到B點？不行的話，可以在第27頁找到答案。

「你這傢伙，真的完全不肯動腦筋呢。」桑代克沒好氣地說，「算了，故事還得繼續說下去。聽着，當時，唐小斯**小心翼翼**地在舢板上踏出了第一步……」

他一步一步小心翼翼地走過破爛的舢板，終於**無驚無險**地去到船首。這時，他才發現船首像只有**頭部**用黃金打造，而其他部分都是由硬木雕刻而成。

「木身並不值錢，只要把頭部運回去就行了。」唐小斯心想，「但話雖如此，鬼爪岩**濕滑不平**，要揹着這麼重的頭像攀下去，恐怕並不可行。」

唐小斯環顧四周，看到殘留在舢板上的滑輪和繩索後，馬上**靈機一觸**：「有辦法了！用**滑輪**就可以把頭像輕鬆地運下去了！」

「滑輪？為甚麼要用滑輪？」夏洛克禁不住打斷了桑代克。

「**滑輪**可用於桅杆上，既可省力，又能改變用力的方向，是用來搬運重物的重要工具。」桑代克說。

「還用你說嗎？**輪子**裝在車上，當然可以用來搬運重物啦！哈哈！你一說我就明白，我太厲害了！」狸仔**自賣自誇**。

「哎呀，滑輪雖然是『輪』，但並不是車輪啊！你有跟爺爺**乘帆船出海**吧？很多船帆都是靠滑輪揚起來的啊。」桑代克說着，在記事本上畫了一張圖，「來！你們試試在圖上的裝置**設置滑輪**吧。」

謎題②：畫上繩子，使滑輪能正常運作。
提示：這是一個動滑輪，能省一半力。

「我知道了！這樣就行了吧！」猩仔搶去桑代克的筆記本，在上面畫了一條線，直接把唐小斯和黃金頭像連繫起來。

夏洛克沒好氣地說：「你哪有用滑輪呀？」

「哎呀！我氣力大，根本不需要滑輪嘛。」猩仔**自以為是**地說。

「就算你力氣大，這樣吊下去的話會令頭像撞到**礁石**上，一定會把頭像碰撞得**傷痕累累**，海盜王未必肯收貨啊。」桑代克說，「而且，我出的謎題是必須用滑輪呀。」

「我**打過井**，滑輪可以這樣用吧？」夏洛克說着在記事本上畫了一條線。

「夏洛克聰明多了，而且比起猩仔的方法**節省一半力**。」桑代克讚道。

你知道動滑輪是甚麼嗎？不清楚的話，也可以在第27頁找到答案。

「哼！他氣力不及我，才要用那麼麻煩的方法罷了。」猩仔不服氣地說。

最重要的時刻來臨了，唐小斯馬上開展工作，準備把黃金頭像放到小船上。他利用滑輪和繩索，製作了簡單的**動滑輪**，並把黃金頭像繫在滑輪上。

接着，他抓緊繩索，盡力使頭像緩緩往下降。

頭像比唐小斯想像重，但幸好是**潮漲時間**，潮水托着小船緩緩地向滑輪槓桿的下方**靠攏**。唐小斯小心翼翼地調整頭像的下降速度，順利地把它卸到小艇上。

「成功了！」唐小斯興奮地攀下鬼爪岩，縱身躍到小艇上。就在這時，一個**黑影**忽然在小艇下方掠過。

「唔？那是甚麼？」唐小斯定睛往水底看去。

突然，「**颼**」的一聲，他的右臂被一根冰冷又**黏糊糊**的東西纏住了。同一瞬間，另一根長長的東西越過他肩膀往他的胸膛襲來。

「甚麼東西？」唐小斯往後一閃，但那東西已把他纏住了。

「**是觸手！**」他慌忙用左手拔出小刀，往纏着他右臂的觸手刺去。

這時，另一根觸手又襲至，它「**颼**」的一下快速纏住唐小斯的身體。

「哇呀！」唐小斯感到**無比的刺痛**，觸手上的吸盤像要吸光他的血似的，牢牢地吸住他的肌肉。與此同時，又有幾根觸手從船下冒出，迅即把唐小斯的雙腿緊緊纏住。

最後，「**嘩啦**」一聲響起，一個巨大的圓頭冒出水面，頭上那對黑色的**大眼睛**還狠狠地盯着他。

「啊！」唐小斯終於知道，襲擊自己的是一條**碩大無朋**的章魚！

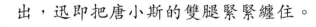

「哇！**巨大章魚**嗎？好刺激呀！」猩仔亢奮地高呼。

「但章魚有那麼可怕嗎？」夏洛克**興致勃勃**地問。

「很多水手都把章魚稱作**海妖**，其觸手可長達10米以上。」桑代克解釋説，「但牠們甚少主動襲擊人類，唐小斯遇襲，可能是因為誤闖大章魚的領土。」

「哎呀，那個唐甚麼實在太沒用了！假如是我，要避開章魚的觸手簡直就**易如反掌**啊！」猩仔自吹自擂地說。

「真的嗎？那就試試吧。」桑代克說着，在記事本寫上一道題。

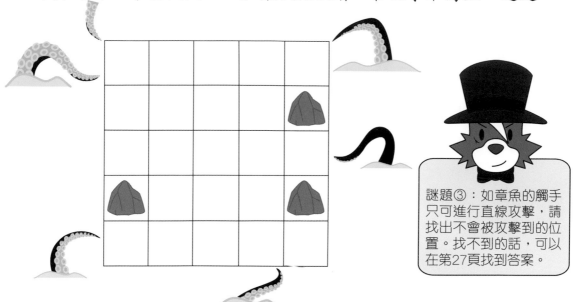

謎題③：如章魚的觸手只可進行直線攻擊，請找出不會被攻擊到的位置。找不到的話，可以在第27頁找到答案。

「**嘿！我來！我來！**」猩仔奪過記事本細看。可是，他看來看去，**抓破了頭皮**也想不出答案。

「時間到！」桑代克說，「想那麼久，你早已被章魚的觸手拖下海啦。」

「哎呀，可以給多一些時間嗎？」

「章魚的攻擊**快如閃電**，哪有時間讓你慢慢思考。」

「那麼，那個**唐甚麼**也不可能避開大章魚呀。」猩仔不服地說。

「沒錯，他也不能避開。」桑代克**狡黠**地一笑，「這只是條考考你的謎題啊。」

「甚麼？」

「桑代克先生的意思是，想**用謎題來戲弄你**一下呀。」夏洛克笑道。

「甚麼？戲弄我？新丁3號，你太可惡了！」猩仔抗議。

「哈哈哈，別吵了，先讓我把故事說完吧。」桑代克繼續道，「唐小斯**臨危不亂**，他的左手還拿着小刀……」

唐小斯用力刺了章魚的觸手幾下，**企圖掙脫纏繞**。但觸手受到刺激反而纏得更緊了。更不妙的是，章魚突然伸出另一根觸手，直往唐小斯的左臂抓去！在**千鈞一髮**之際，唐小斯瞥見了章魚那對兇狠的目光，他「唏」的一聲大吼，使出**扭轉乾坤**之力舉起小刀奮力一插！

剎那間，章魚所有觸手同時鬆開，並「嘩啦」一聲墮回海中。

「贏了！我贏了！我插中了牠的眼睛！」唐小斯大呼幾聲之後，已**筋疲力盡**地倒在艇上喘息。但他還未回過氣來，「啪噠」一聲響起，一根觸手又抓住了艇邊。

「哇！」唐小斯大驚失色，馬上拿起木槳使勁地**亂打亂拍**。那觸手在痛擊下「唪咚」一聲又掉回海中。

唐小斯這次**不敢怠慢**，馬上拚命划槳離開。他划呀划呀，小艇飛快地駛離鬼爪岩，直往安妮女王復仇號開去。

就在這時，一陣**響徹雲霄**的歡呼傳到他的耳中。

他這才知道，原來船上的海盜們一直看着他的搏鬥，最後更為他擊退大章魚而**歡呼喝采**。

他還看到，小鷹擠在船邊用力地向他揮手，迎接他勝利歸來……

「嗚——嗚——嗚——」這時，渡輪的氣笛聲響起。

「完了？」夏洛克**意猶未盡**地問。

「完了。」桑代克答。

「唐小斯最終離開了海盜船嗎？」

「離開了。他踏上了**尋寶之路**。」桑代克看着對岸逐漸接近的碼頭，淡淡然地應道。

「快說！快說！尋寶的故事一定**又驚險又有趣**！」猩仔吵着說。

「但尋寶過程要**動很多腦筋**的啊。你真的想聽嗎？」

「動腦筋嗎？哈哈哈！太簡單了！」猩仔**信心滿滿**地説。

「你好像很有自信呢。」

「當然囉！」猩仔狡黠地一笑，用拇指指着身後的夏洛克説，「腦筋嘛，由新丁1號去動吧。我是團長**吃點虧**，只聽故事就行了。」

聞言，桑代克和夏洛克腿一歪，幾乎同時摔倒在地。

解謎篇

謎題 ①

正如夏洛克提示，從B點回到A點會比較容易。

謎題 ②

正確方法如下圖。利用動滑輪的原理，只需要一半力氣就能把黃金頭像運下去了。

謎題 ③

根據觸手的方向畫出不同直線，就能發現只有藍圈的位置能夠躲開全部攻擊。如果你能在短時間內找出來，就證明你腦筋轉得很快呢。

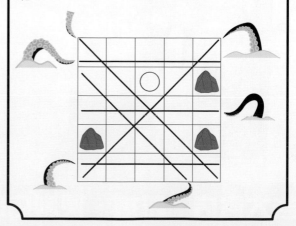

擺動雙臂的 李大猩

巧手工坊

親子

吃得太多，又缺乏運動，是時候要活動筋骨了。但懶得動的李大猩只願做手部運動，你們能協助他嗎？

製作難度：★★★☆☆
製作時間：50 分鐘

所需材料

p.31、33 紙樣

美工刀
漿糊筆

*使用利器時，須由家長陪同。

製作流程

軀幹

1 如圖拼合軀幹 1。先往中間黏好，再黏合左右。

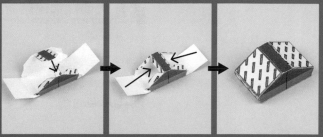

2 沿虛線摺軀幹 2，黏好。

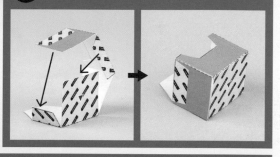

3 跟着箭咀方向貼在做法❶上。

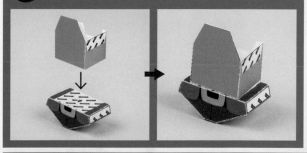

4 塗上漿糊，將李大猩的頭黏合起來。

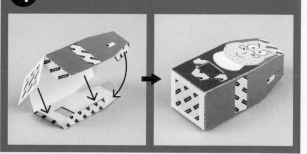

5 如圖摺槓桿，穿過做法❹的開孔，並將黏貼處黏好。

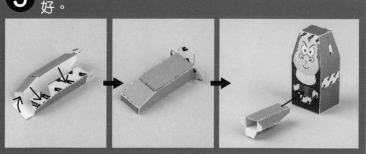

紙彈簧 **6** 將兩根紙條呈 90 度黏貼。

7 如圖將紙條互相交疊。

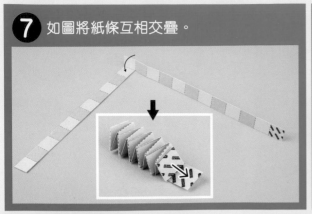

8 拼合做法⑤和做法⑦，並放進做法③內。

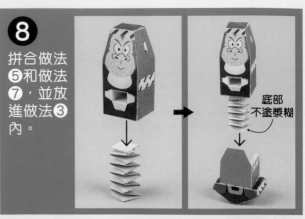

底部不塗漿糊

四肢 **9** 如圖摺機關，上下兩端貼在做法⑧的相應位置。

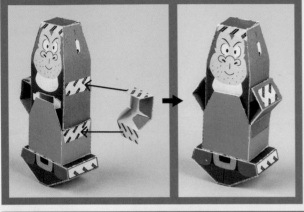

10 沿虛線摺軀幹3，套進做法⑨，最後才塗上漿糊黏合。

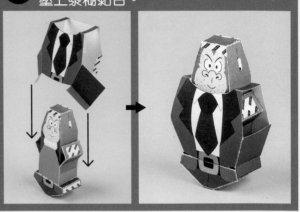

11 沿虛線摺，黏好。

手臂

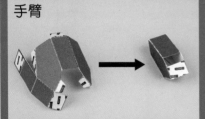

腳

手掌

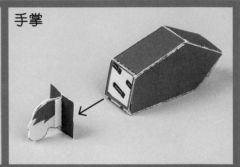

12 將做法⑪、耳朵和帽子貼在軀幹的相應位置上。

完成！

推動槓桿，李大猩就會擺動雙臂。

30

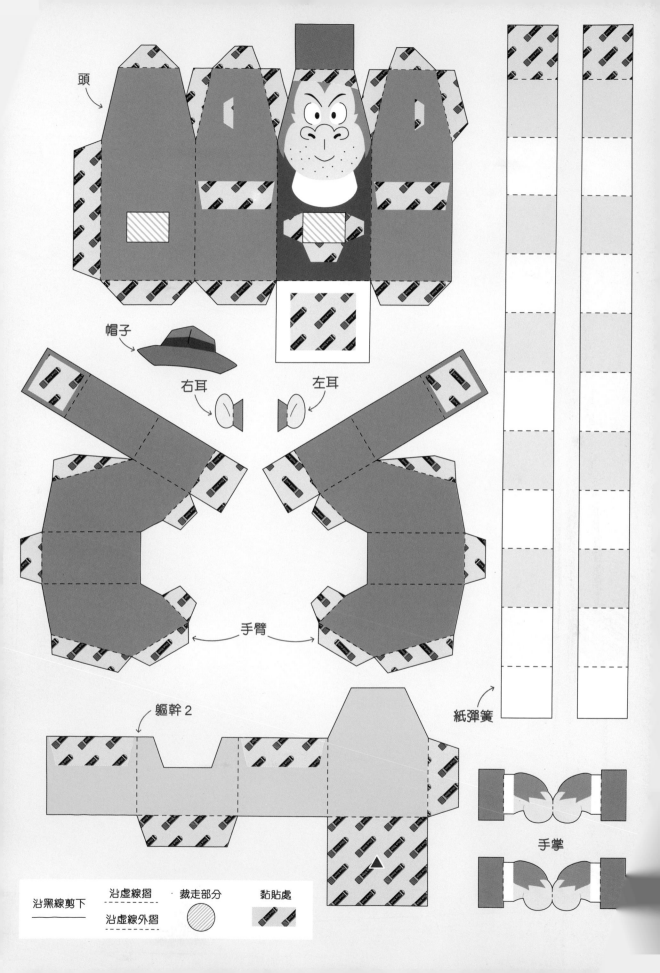

頭

帽子

右耳　左耳

手臂

軀幹2

紙彈簧

手掌

沿黑線剪下　沿虛線摺　裁走部分　黏貼處
沿虛線外摺

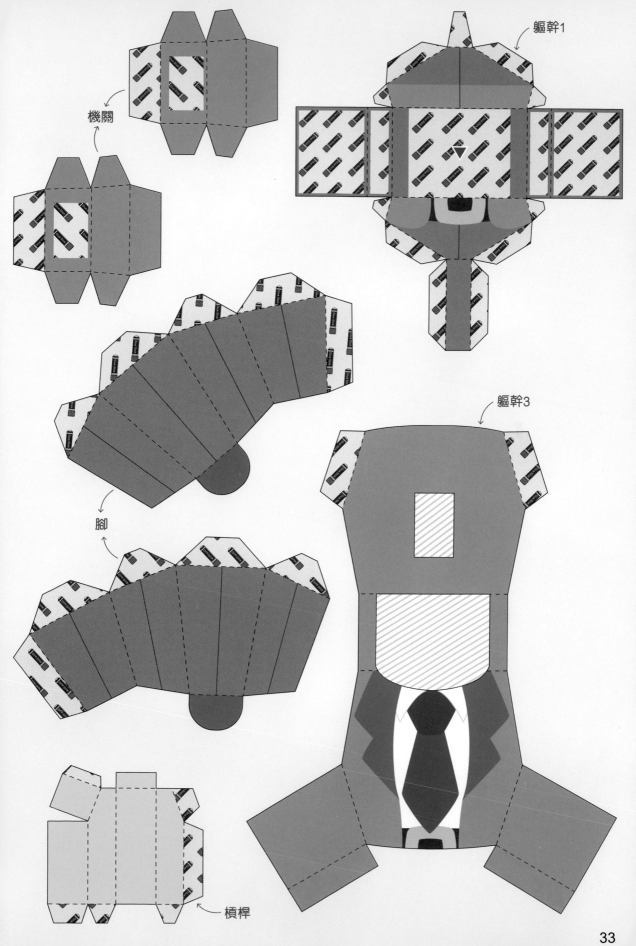

機關

軀幹1

腳

軀幹3

槓桿

奇妙人體大解構

快樂大獎賞

一起探索人體的奧秘，展開奇妙之旅。

A 大偵探福爾摩斯口罩

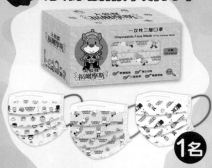

Level 3 中童口罩，一盒有 30 個。

1名

B 大偵探福爾摩斯⑲ 瀕死的大偵探 + 英文版⑭ The Dying Detective

有齊中英版，內頁還有厲河老師的親筆簽名。

1名

C 木製醫生行動診療箱

提着診療箱，與華生醫生到處行醫治病。

1名

D 木製牙醫套裝

了解口腔結構，養成護齒好習慣。

1名

E 迷你護腕墊公仔

保護手腕，讓你在使用電腦時更舒適。

1名

F 大偵探福爾摩斯 健康探秘

福爾摩斯與你一起認識傳染病。

2名

G 麥克風造型 LED 燈匙扣掛飾

每次按下按鈕就會變色。

1名

H 角落生物鎖匙扣
（隨機獲得其中一款）

有北極熊和蜥蜴兩款。

2名

I 哈利波特魔法世界 8 吋造型公仔

與哈利波特前往魔法世界冒險。

1名

簡易小廚神

通識

親子

茄汁椰菜卷

掃描 QR Code 進入正文社 YouTube 頻道，可觀看製作短片。

蔬菜未必只得炒和灼兩種煮法，花一點心思，就成為一頓能提升食慾的菜式，營養也均衡呢！

你也可以加入粟米、甘筍等材料啊！

製作難度：★★★
製作時間：約 50 分鐘（不包括浸泡食材及醃肉時間）

所需材料

椰菜卷

椰菜 1 個（約可做 5~6 個）

洋蔥 1/4 個

免治豬肉 150g

冬菇 2 個

醃料

豉油 1 湯匙

雞蛋 1 隻（打成蛋液）

粟粉 1 茶匙

麻油 適量

胡椒粉 適量

醬汁

罐頭番茄蓉 200g

茄汁 3 湯匙

鹽 1/5 茶匙

糖 1 茶匙

---

1 冬菇浸軟後去蒂切粒。

*使用利器時，須由家長陪同。

2 洋蔥切粒。

3 免治豬肉加入冬菇、洋蔥及醃料稍醃。

36

4 椰菜用小刀切走蒂部，剝下葉片後沖洗。

5 煲沸水，放入椰菜葉灼煮約2分鐘變軟，撈起備用。

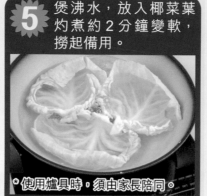

* 使用爐具時，須由家長陪同。

6 取一塊椰菜，用小刀削走較硬的莖部。

* ①考考你：為何要削走莖部？

7 舀一湯匙做法③餡料鋪在椰菜上，捲起並包好。

* ②考考你：包的時候有何要訣？

8 重覆做法直至用完椰菜。

9 將椰菜卷隔水大火蒸約10分鐘，蒸熟後備用。

10 將醬汁材料煮沸，放入做法⑨椰菜卷煮至入味。

完成！

茄汁變忌廉汁也可以的啊！

白汁椰菜卷

椰菜卷做法相同，只是醬汁不同。

中火熱鑊，放入1湯匙牛油煮溶，加入切碎蒜頭（2粒）和洋蔥（1/4個）炒香，下少許鹽及黑胡椒調味，倒入200ml淡忌廉煮至濃稠，放入椰菜卷煮至入味便可。

營養滿滿的菜王

Photo credit: Nikki L.

椰菜又名捲心菜、高麗菜，屬十字花科蔬菜，清甜爽脆，不論生吃、清炒、灼煮皆宜。椰菜含有多種營養成分，有「菜王」、「蔬菜界人參」之稱。

鈣：研究顯示椰菜的鈣含量跟牛奶相若，多進食可預防骨質疏鬆。
鉀：能排走體內多餘的鈉，有助降血壓。
維他命U：對腸胃起止痛、修復及保護作用，故被喻為「天然胃藥」。
膳食纖維：增加腸胃蠕動，改善血糖及降低膽固醇。

紫色的椰菜更含花青素，具高度抗氧化功效。

答案

①雖然白色椰菜好吃，但莖部太硬不易咬斷，亦無法緊貼餡料包好。
②餡料不要放太多，放在椰菜的前端，先向內捲一圈，把兩邊菜葉向中間摺疊，收口收緊捲下。

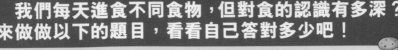

我們每天進食不同食物，但對食的認識有多深？
來做做以下的題目，看看自己答對多少吧！

Quiz 1 樽裝飲品的危機

> 這麼大支樽裝飲品，你喝得完嗎？

> 做完運動口渴嘛，就算喝不完可以留待今晚再喝。

> 閂蓋後可以保存這麼久嗎？

> 保存不妥的話，很容易會滋生細菌的。

> 怎會？我喝後會立刻蓋上樽蓋的啊！

> 一定是你常常不漱口，口腔充滿細菌啊！

口腔內的驚人細菌

當嘴唇接觸瓶口一刻起，口腔內的金黃葡萄球菌已潛伏於飲品內。如開封後蓋上蓋子在室溫閒置 24 小時，細菌會迅速繁殖，而飲品中的糖分，也會令細菌以幾何級數增長，當中以奶類飲品最嚴重，會激增 8600 倍。

喝不完怎麼辦？

金黃葡萄球菌雖不致命，但也會導致腹瀉甚至嘔吐。若果喝不完，建議放進雪櫃，減慢細菌生長速度；或者將飲品倒進杯內飲用，避色口腔接觸瓶口；奶類飲品不要在室溫中存放超過兩小時。

Quiz 2 解凍食物方法

> 今晚舉行燒烤大會，我忘了將牛扒解凍啊！

> 考考你們，怎樣是較好的解凍方法呢？

> 將食物放在室溫解凍。

> 我會浸泡熱水解凍。

> 這些方法都有問題存在，還是以放於雪櫃或錫紙解凍比較安全。

各種解凍方法之長短

解凍方法	優點	缺點
雪櫃（攝氏 4 度）	細菌難滋生，食物能保持最佳狀態。	需時較長。
錫紙	凍肉以保鮮紙包裹，再包上錫紙，錫紙中的成分鋁具極強導熱性，可加速解凍過程。	肉要鋪平一點，增加接觸面。
室溫	方便。	細菌極容易滋生。
流水	在水流下沖洗，能保持肉質。	浪費食水，解凍時間長。
微波爐	快捷方便。	只有肉的表面軟化，內裏還是冷凍狀態，而且會令肉的水分和蛋白質流失。
熱水		

Quiz 3 熱氣食物

今晚我們去吃火鍋吧！

不了，我長了暗瘡，火鍋很熱氣的啊！

用湯灼煮食物的**火鍋為何熱氣**？

這與火鍋的**湯底、食材和溫度**有關。

要怎樣吃才沒那麼熱氣？

火鍋熱氣之謎

在中醫角度，熱氣指人體陰陽失衡，導致上火，即是體內出現的內熱症。症狀包括喉嚨痛、口苦、長暗瘡、失眠等。

麻辣湯裏的藥材、香辛料多屬燥熱，牛肉、羊肉也是溫性食物，沾醬用的蒜、蔥、辣椒醬等也容易上火。此外，立刻進食高溫烹調的食物會刺激口腔和喉嚨，容易引致發炎。

想吃得放心，可選擇清湯或蔬菜湯底，食材以魚、蔬菜等為主，還有儘量避免使用沾醬。

其他熱氣食物

除了煎炸食物和火鍋，榴槤、車厘子、雞肉、咖啡、穀物、餅乾、辛辣食物等原來也屬熱氣食物，小心不要吃過量啊！

桑代克繼續向猩仔和夏洛克說海盜故事，智勇雙全的唐小斯幾經辛苦終於取得黃金頭像。在緊張刺激的故事中包含很多成語的啊，你們留意到嗎？

臨危不亂

面對危難時，仍能沉着應對而不慌亂。

「甚麼？戲弄我？新丁3號，你太可惡了！」猩仔抗議。

「哈哈哈，別吵了，先讓我把故事説完吧。」桑代克繼續道，「唐小斯**臨危不亂**，他的左手還拿着小刀⋯⋯」

右面的九宮格有九個成語，只有其中一行的三個有「臨危不亂」的意思，你能找出來並畫上線嗎？

應付自如	盛氣凌人	事半功倍
六神無主	不知所措	面不改容
沉着冷靜	處變不驚	臨危不亂

嗤之以鼻

從鼻子裏發出冷笑，對某人或事件表示不屑或鄙視。

「那麼，請借我小艇一用。」

海盜們竊竊私語，有些佩服唐小斯的勇氣，有些卻認為他只是逞強好勝，對他的魯莽**嗤之以鼻**。

很多成語都帶有「鼻」字，你懂得以下幾個嗎？

☐☐**鼻息**
比喻依靠別人生存，看人臉色行事。

開山☐☐
一個學術流派或技藝的創始者。

☐☐**朝天**
形容高傲自大。

掩鼻☐☐
搗着鼻子偷點燃的香，比喻自己欺騙自己。

心血來潮

這天，唐泰斯忽然**心血來潮**，想到船上吹吹風，於是化身成桑代克，登上了一艘在泰晤士河航行的渡輪。

渡輪剛開到河中心，身後就傳來了一個聲音。

心裏突然興起一個念頭。

下面兩個以圖畫表達的成語都含有「心」字，你能猜到是甚麼嗎？

❶ ＿＿＿＿＿＿＿＿

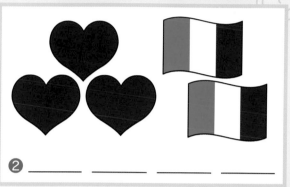

❷ ＿＿＿＿＿＿＿

時間拖久了，可能會發生不利的變化。

夜長夢多

「不！這條航道常有其他海盜船出沒，要是被他們看到就麻煩了。為免**夜長夢多**，必須儘快把船首像拿下！」

「可是——」

右面是一個以四字成語來玩的接龍遊戲，你懂得如何接上嗎？

❶ 指年長與年幼者之間的先後尊卑。

❷ 有可利用的機會。

❸ 形容悲壯的感人事蹟。

❶ 夜 長 夢 多

❷ 有 機 ❸

歌

尋找 接續連接詞

大家看一段文章時，會否覺得很難理解？其實只要找出連接詞，就能令複雜的文章，變得清晰簡單了。

先看看這個例子吧！

華生只好放棄追問，但有一點他還想弄清楚，於是說：「但你答應出手，不會僅僅是為了回應我的求助吧？」

「當然不是，我願意出手，是因為她的堅持。」福爾摩斯說。

「她的堅持？」

「對，❶她在門口已聽到了我的拒絕，但仍闖進來。❷然後，我背向她再度一口拒絕，但她也不管，還一屁股坐下來。❸接着，她向你提出請求，其實是借機把話說給我聽。我被她這種堅持壓倒了。」福爾摩斯的語氣中不無佩服。

「原來如此。」華生明白了。

「而且，從她行事的堅持看來，我估計她也是一個意志堅強的人。你知道，受害人意志的強弱，往往是破案與否的關鍵。」

「是的。」華生同意。

節錄自《大偵探福爾摩斯 ⑩ 自行車怪客》

福爾摩斯用了三件事說明史密斯小姐的堅持：

❶她在門口已聽到了我的拒絕，但仍闖進來。

⬇

然後，
接着，

連接詞

❷我背向她再度一口拒絕，但她也不管，還一屁股坐下來。

⬇

❸她向你提出請求，其實是借機把話說給我聽。

刪去連接詞，就會變成這樣。

可以不用連接詞嗎？

「對，她在門口已聽到了我的拒絕，但仍闖進來。我背向她再度一口拒絕，但她也不管，還一屁股坐下來。她向你提出請求，其實是借機把話說給我聽。我被她這種堅持壓倒了。」福爾摩斯的語氣中不無佩服。

文章的意思其實沒有不同，可是欠缺連接詞，福爾摩斯的語氣變急，就像在指責史密斯小姐的行為，而不是解釋幫助她的原因。所以連接詞也有調整文章節奏的作用。

連接詞的種類

接續	因果	轉折	假設	遞進	選擇	
於是	因為	但是	如果	不但	或	
然後	因此	不過	即使	不僅	或者	……
還有	所以	雖然	假若	而且	還是	
接着	由於	然而	假如	何況		
最後		可是				

還有很多不同種類的連接詞，下次有機會再跟大家詳細講解吧。

考考你！

華生聽完福爾摩斯的推論後，沉思了片刻，提出了幾個疑問：「他們那伙人的陰謀究竟是甚麼？在一個生活清苦的女子身上，不可能榨出半點油水呀。還有，那個豬德利為甚麼找一個老牧師當同黨？要做壞事，應該找個孔武有力的流氓才對啊。對了，那封電報又有甚麼含意，為何豬德利收到電報後那麼緊張？最後，就是那個騎車跟蹤史密斯小姐的黑衣人了，他在整個事件中扮演的又是甚麼角色呢？」

節錄自《大偵探福爾摩斯 ⑩自行車怪客》

❶在上面文章中，華生提出了多少個疑問？

(A) 2個　　　(B) 4個　　　(C) 6個　　　(D) 8個

❷你能列出華生的全部疑問嗎？

小提示 先找出華生說話中的連接詞吧！

文中的連接詞有「還有」和「最後」，雖然非全部運接詞，但有幫助承轉折的作用。
④那個騎車跟蹤史密斯小姐的黑衣人扮演甚麼角色？
②那個豬德利為甚麼找一個老牧師當同黨？
❷
③那封電報有甚麼含意？
①他們那伙人的陰謀究竟是甚麼？
❶ 答案是(B) 4個。
答案

43

SHERLOCK HOLMES
大偵探福爾摩斯
The Blanched Soldier ②

Sherlock Holmes
London's most famous private detective. He is an expert in analytical observation with a wealth of knowledge. He is also skilled in both martial arts and the violin.

Author: Lai Ho
Illustrator: Yu Yuen Wong
Translator: Maria Kan

Watson
Holmes's most dependable crime-investigating partner. A former military doctor, he is kind and helpful when help is needed.

Previously : In order to search for his army mate Godfrey who had gone missing after returning home from the battlefield, war veteran Dodd had come to 221B Baker Street to ask for our great detective's help.

前文提要：大偵探福爾摩斯接到退役軍人多德的委託，協助尋找回國後失蹤的戰友葛菲。

A Friend Gone Missing ②　失去音信的戰友②

When I joined the army two years ago, young Godfrey was also enlisted to the same *squadron*. Godfrey was the only son of the retired *Colonel* Emsworth. The colonel was a very **stern** man. He was revered for his **valour** and *boldness* during the years he served in the military. His *illustrious* career had inspired Godfrey to join the volunteer army.

我在兩年前參軍，年輕的葛菲也加入了同一隊軍隊。他是退役上校埃姆斯威先生的獨子，上校是一個很嚴格的人，據說打仗時勇猛非常，葛菲參加義勇軍也是受到他的影響。

Godfrey was an outstanding soldier and everyone in our squadron was impressed by his fearlessness and quick wit. He and I fought shoulder to shoulder on the battlefield, facing all sorts of danger together. I almost died once when we were charging into battle. If Godfrey had not rescued me in the midst of **turmoil**, I would've lost my life for sure. As you can see, Godfrey and I are no ordinary friends. We have gone through fire and water together. We are blood brothers willing to die for each other. Our bond is absolutely unbreakable!

在我們隊中，葛菲的表現極為出色，戰友們都很佩服他的英勇和機智。我和他在戰場上一起並肩作戰，甚麼危險也遇過。有一次衝鋒陷陣時，我幾乎死於敵軍手上，全靠葛菲臨危不亂地出手相救，我才能幸免於難。所以，我和葛菲不是一般的朋友，我們是生死之交，那是一起出生入死才能建立起來的、穩如磐石的友誼！

Glossary squadron (名) 中隊　Colonel (名) 上校　stern (形) 嚴厲的、苛刻的　valour (名) 英勇
boldness (名) 膽識、膽量　illustrious (形) 輝煌的　turmoil (名) 混亂　go(ne) through fire and water (習) 赴湯蹈火

During the battle at Diamond Hill near Pretoria, Godfrey suffered a gunshot, but he was able to pull through. He wrote me two letters while he was recovering at the hospital. However, I have not received a word from him ever since.

不幸的是，他在比勒陀利亞附近的鑽石山攻防戰中中槍受傷。但他沒有死去，留院時還寫了兩封信給我。不過，此後卻有如斷了線的風箏般失去了聯絡，直至現在也音信全無。

After the war was over, I heard from other army mates that Godfrey had already returned to England. But if that were true, how come he hasn't written me a single letter? We are the best of mates, after all.

戰爭結束後，我從其他戰友的口中得悉他已回國。可是，他回國後為何一封信也不寫給我呢？我是他最好的朋友呀。

Fortunately, I still have his home address so I wrote a letter to his father and asked him of Godfrey's *whereabouts*. As though I had tossed a message in a bottle to the sea, I never received a reply from the colonel. But I did not give up. I wrote to the colonel again. He replied this time, but only with a few lines saying Godfrey has gone away on a journey around the world and will not return to England for a year, basically implying that I should not waste any more time looking for Godfrey.

幸好我有他家鄉的地址，於是，我寫信給他的爸爸，打探他的下落。然而，我的信就像石沉大海一樣，完全沒有回音。我沒有就此放棄，馬上再寫了一封信查詢。這次，他爸爸埃姆斯威上校回信了，信中只是簡短地說葛菲去了環遊世界，一年之內都不會回來。言下之意，就是叫我不用費心找他。

But that sounded *improbable* and *absurd* to me. Godfrey is a man who takes friendships and relationships seriously. It's not like him at all to leave the country for a year without saying goodbye to me first. So I began to *speculate* that something must've happened when he returned home after the war, otherwise all this *secrecy* wouldn't make any sense.

我覺得不可能，太過不合常理了。葛菲是一個很重情義的人，他離國遠行的話不可能不與我道別。我估計，他回國後一定出了甚麼意外，否則絕對不會這樣。

During our days together in the army, Godfrey told me that he and his father don't really get along too well.

Godfrey said his father's sternness made it difficult to cultivate a close relationship with him. I reckon this could be a reason why the colonel is refusing to tell me where Godfrey is.

在軍旅中一起生活時，我從葛菲口中得悉，他和他的爸爸相處得並不融洽。葛菲認為上校太過嚴苛了，父子倆感情並不好。我心想，一定是這個緣故，上校故意隱瞞他的去向。

Since asking for information on Godfrey through writing letters to the colonel was ineffective, I wanted to pay a visit to Godfrey's home instead, thinking that I might be able to discover some sort of a lead over there. Remembering Godfrey once spoke of his closeness with his mother, I decided to write a letter to his mother. Rather than inquiring on the whereabouts of Godfrey, I changed my strategy and told his mother that I would like to share stories of Godfrey's experience at the war with her. His mother wrote back very quickly and invited me to their house to stay for a night.

既然寫信沒用，我決定親自去看一下葛菲的老家，希望從中發現一些線索。我記得葛菲說過他和媽媽感情很好，於是，我改變策略，這次我寫了封信給他的媽媽，並說可以與她分享葛菲在戰場上的經歷。他的媽媽很快就回信了，並邀請我到她家小住一天。

I accepted the invitation and went to their house a week ago. I arrived the Emsworth estate on the 2nd of February and spent two days there. What happened in those two days was so disconcerting that I'm now haunted by those memories forever!

我應邀去了，那大約是一個星期前，即是2月2日那一天，我抵達葛菲的老家，並住了兩天，但這短短兩天的經歷，卻叫我畢生難忘！

The Austere Colonel 嚴肅的老上校

The sun was already setting when Dodd's train arrived the train station near Godfrey's home on the 2nd of February. This sparsely populated town in Bedfordshire was a picturesque small town that drew in many visitors every year between summer and autumn for hunting and sightseeing. Besides selling local farm

Glossary cultivate (動) 建立、培養　reckon (動) 認為　disconcerting (形) 焦慮的、不安的　haunt(ed) (動) 不斷困擾　sparsely (副) 稀少地　picturesque (形) 風光如畫的

produce, the town's main source of revenue mostly came from tourism.

2月2日的黃昏，多德在葛菲老家附近的火車站下了車。那是貝德福德郡境內的鄉郊小鎮，人口不多，但風景優美，每到夏秋之間的旅遊季節，都會有不少外地人前來狩獵和旅遊。小鎮的經濟，除了依靠出售農產品支撐外，就靠這些旅遊消費了。

Near the train station was a small hotel. There were also some souvenir shops and pubs *catering to* visitors. However, business was far from booming on this cold winter day. Dodd was surprised to see no horse-drawn cabriolets parked outside the train station. He decided to take refuge from the cold at a nearby pub so he could ask the bartender the best way to go to Godfrey's home while warming his body with a glass of whisky.

火車站附近有間小旅館，也有幾間賣土產的店鋪和供遊人消遣的酒吧，但在寒風飀飀的冬季，生意看來很差。最叫多德感到意外的是，車站前連馬車也沒有一輛，他只好在酒吧叫了一杯威士忌暖身，並順便向酒保問了一下往葛菲老家的走法。

The bartender was a big fellow. With a rather unfriendly look in his eyes, the bartender queried, "May I ask why do you want to go there?"

酒保是個大個子，他以並不友善的眼神盯着多德反問：「你去那裏幹甚麼？」

"I've been invited by Colonel Emsworth to stay the night at his home as a guest." Dodd *deliberately* only mentioned the colonel's name and not Godfrey's. Having experienced a war, he knew very well that the information one possessed could often be the *decisive factor* in winning a battle. His visit to Bedfordshire this time in search of Godfrey was, in a way, a battle of *pursuit*. He must gather as much information as possible without exposing his purpose to strangers. So it was best for him not to talk too much.

「沒甚麼，我是埃姆斯威上校的客人，他邀請我去住一天。」多德故意不提葛菲的名字。經歷過戰爭的洗禮後，他很清楚知道敵我雙方掌握情報的多寡，往往是戰役勝負的關鍵。他這次來找葛菲，也算是一場尋人的戰役，他要的是盡量搜集情報，而不是向陌生人透露自己的目的。所以，如非必要，說得愈少愈好。

"Oh, I see. You're a guest of the colonel's," said the bartender, looking more relaxed. "When you step out of the pub, turn right and you will see a road. Walk down that road for about five miles and you will find the Emsworth estate."

「啊，這樣嗎？原來是上校的客人。」酒保神情有點放鬆了，「你出門向右轉，就會看到一條馬路，一直沿着馬路走下去，大約走5哩路左右，就會看到埃姆斯威上校的大宅了。」

"Thank you." Dodd thanked the bartender then tossed the rest of the whisky in the glass down his throat in one gulp. Just when Dodd was about to open the door to leave, the bartender called out to Dodd.

「明白了，謝謝。」多德把杯中餘下的酒一口喝掉，拿起行李箱就走。可是，他走到門口時，酒保又叫住了他。

"It's getting dark outside. Remember to stay on the main road. Don't take any of the side roads and don't go into the woods alongside the road." The bartender further emphasised, "There are wild dogs in the woods and they attack unfamiliar faces."

「快要天黑了，你記住一定要沿着馬路一直走，千萬不要走分岔路，更不要走進馬路旁的樹林。」酒保加重語氣說，「林中有野狗，看到陌生人可能會施襲。」

"Thank you very much for the advice. I shall keep that in mind." Dodd thanked the bartender again before leaving the pub.

「非常感謝你的提醒，我會記住的。」多德再三道謝後，離開了酒吧。

Following the bartender's directions, Dodd turned right from the pub and went down the main road. After walking a mile or so, Dodd looked up to the sky and saw that it was starting to turn dark. He could still make out the shapes of the tall trees growing on both sides of the road. As it was **stark winter**, all the leaves had fallen and the trees were only left with bare branches.

多德按照酒保的指示，沿着馬路一直走去。走了1哩左右，天色已陰暗下來，也看到了沿着馬路兩邊生長的樹木，但樹葉已落光了，只餘下光禿禿的樹枝。

"There are wild dogs in the woods and they attack unfamiliar faces."

「林中有野狗，看到陌生人可能會施襲。」

The bartender's warning rang through Dodd's head again. Dodd **perked up** his ears and stayed alert as he kept walking, but there was only silence and stillness in the woods.

多德耳邊響起了酒保的警告，他一邊走一邊豎起耳朵提高警覺，可是，樹林很寧靜，一點動靜也沒有。

As Dodd moved on, he could see before him an old estate that was everything as grand as an estate should be. Surrounding a *majestic* mansion were vast green lawns. Also situated on the lawns but away from the mansion were several smaller houses. Encircling the vast lawns were the woods and bare trees.

走着走着，一座名副其實的古老大宅在前方出現了。它的四周是一幅大草坪，草坪上有幾間與大宅隔得遠遠的小屋子，而圍繞着草坪的又是一片光禿禿的樹林。

Dodd remembered Godfrey once told him, "My house is pretty big. It has more than twenty rooms. If we were to play hide-and-seek in my house, you probably wouldn't be able to find the person hiding even if you were to search for an entire day. Besides my parents, the only other people in the house is this old married couple who are our servants taking care of the whole house. Perhaps it's because there are so few people, the house always feels very empty and spooky, especially at night."

多德記起了戰友葛菲的說話……
「我家很大，有20多個房間，玩捉迷藏的話，相信找半天也不會找到躲起來的人。不過，除了父母外，只有一對老僕人夫婦照顧我們的起居，可能是人少吧，屋內總給人空蕩蕩的感覺，到了夜晚，更彌漫着一股陰森可怖的氣氛。」

While thinking back on Godfrey's words, Dodd had reached the front door of the mansion. An old *butler* of about sixty or seventy years of age came to greet him. With a gentle smile on his face, the old butler said, "Good evening, sir. You must be Mr. Dodd. My name is Ralph and I am the butler of this house. Mrs. Emsworth has been expecting you."

想着想着，多德已走到大宅前面。這時，一個看來六七十歲的老僕人迎面而來，他臉上掛着笑容問道：「你是多德先生嗎？我是這裏的僕人，你叫我拉爾夫就行了。我家夫人久候多時了。」

Glossary majestic (形) 雄偉的、莊嚴的　butler (名) 管家

The old butler was very polite and friendly. His stiff, crooked back was a sign of his lifelong devotion to his work and his utmost loyalty to the household. Dodd took an instant liking to this old butler right after meeting him. However, if Dodd were to be pernickety, he would say that Ralph's hoarse voice was rather uncomfortable to the ear.

老僕人的態度非常友善和親切，他弓着的腰背看來雖然有點不自然，但那也是一生操勞的印記，反而予人忠心誠實的感覺。多德一看到他，心中就產生了好感。不過，要挑剔的話也不是沒有瑕疵——聲音，他那把嘶啞的聲音總叫人聽了有點不舒服。

Dodd followed Ralph through the mansion and into the living room. With magnificent oil paintings hanging on the walls and dark brown as the principal colour of the furniture, the living room felt stuffy and gloomy.

在老僕人拉爾夫的帶領下，多德走進了客廳，他注意到牆上掛着的都是很老派的油畫，廳中的家具又以深褐色為主，散發出一股暮氣沉沉的霉氣。

No wonder Godfrey thinks this house is spooky, thought Dodd as he sat down on the bulky sofa.

「難怪葛菲說屋子裏有點陰森可怖了。」多德一邊想着一邊在一張沉厚的沙發上坐下。

Moments later, a tall and strong old man strode into the living room. The austerity in his face and his commanding presence clearly showed that he was a very serious man. Needless to say, this old man was Godfrey's father, Colonel Emsworth. Dodd realised right away that before him was not only a very tough man but also a very tough battle.

這時，一個身材碩大又壯健的老人踏着大步子走進客廳。他一臉嚴肅，擺出來的架勢已可看出是個不苟言笑的人，不消多說，他就是葛菲口中的嚴父——埃姆斯威上校。多德馬上意識到，迎面而來的不但是一條硬漢子，也是一場將會打得非常吃力的硬仗。

"Ralph, leave us be." After sending the butler away, the colonel sat down on the sofa across Dodd and asked in a rather **hostile** tone, "So what brings you here?"

「拉爾夫，這裏沒事，忙你的。」上校差遣老僕人離去，然後一屁股壓在多德對面的沙發上，語氣粗暴地問道，「有何貴幹？」

Although Dodd was well prepared for this house visit, he was still taken aback by the colonel's *blatantly* unwelcoming manner. Dodd had not expected the colonel to be so directly **confrontational**, skipping all **niceties** and firing the first shot straightaway. But since the colonel was his good friend's father, Dodd kept his cool and replied, "I've been invited by Mrs. Emsworth to come here and share with her stories of Godfrey on the battlefield…"

多德一怔，他雖然已有心理準備，但沒想到老上校果真毫不客氣，連客套話也不願多說一句就開戰了。但對方始終是好友葛菲的老父，他只好沉着氣答道：「我約好了尊夫人，想和她分享葛菲在戰場上——」

"That much I know," interrupted the colonel, waving his hand to cut off Dodd in midsentence, as though he was waving away an annoying fly. "You wrote in your letter that you are an army mate of Godfrey's. How would I know if you're telling the truth?"

「這個我知道。」老上校仿似趕蒼蠅似的舉起手在自己面前擺了擺，打斷了多德的說話，「你在信中說是葛菲的戰友，我們又怎知真假？」

"I have letters written to me from Godfrey," said Dodd as he reached into his pocket and pulled out an envelope.

「我有葛菲寫給我的信。」多德說着，從口袋中掏出一封信遞過去。

Glossary hostile (形) 懷敵意的、不友善的 blatantly (副) 明顯地、明目張膽地
confrontational (形) 咄咄逼人的 niceties (nicety) (名) 禮節

51

"Let me see it," said the colonel. He reached over and *snatched* the envelope from Dodd's hand then began to read the letter.

「給我看。」老上校一手把信奪去，老實不客氣地掏出信函看起來。

Dodd could see the colonel's face >*twitched*< as he read the letter, but Dodd could not tell whether the colonel was touched by the sentiment of the letter or angered by the sheer existence of the letter. At the very least, the colonel was certain that letter was written by Godfrey, confirming Dodd really was Godfrey's army mate.

看着看着，他雙頰閃過一下痙攣，多德看在眼裏，但不知道是信的內容打動了他，還是這封信的存在讓他感到生氣，因為信確是葛菲親筆寫的，上校已無法否認自己的身份。

After reading the letter, the colonel handed them back to Dodd in a rough manner and said *bluntly*, "So what do you want?"

老上校粗魯地把信交還，並問道：「那又怎樣？」

"Nothing. As I've told Mrs. Emsworth in my letter to her, I just want to talk to her about Godfrey…"

「沒甚麼，正如給尊夫人的信中所說，我想跟她談談葛菲——」

"No. I'm asking you what is your real purpose of coming here," interrupted the colonel again, coming straight to the point.

「不，我要問的是你真正的目的。」老上校單刀直入。

Dodd thought for a moment and decided not to *beat around the bush* any longer. Also coming straight to the point, Dodd said, "Your son, Godfrey, is a very good friend of mine. I haven't heard from him for a long time and I'd like to know where he is."

多德想了想，覺得確實不必再繞圈子了，於是也直截了當地說：「令郎葛菲是我的好朋友，他突然音信全無，我想知道他的下落。」

Glossary snatch(ed) (動) 奪去　twitch(ed) (動) 抽動、抽搐　bluntly (副) 直言不諱地、不客氣地 beat around the bush (片語) 轉彎抹角、兜圈子

"Mr. Dodd, did I not make myself clear in my letter to you?" said the irritated colonel. "Godfrey felt exhausted physically and mentally after his experience in South Africa. He needed a break to rest his body and soul, so I made arrangements for him to take a trip around the world to help him forget the unpleasant ordeal."

「多德先生，我的回信不是說得很清楚了嗎？」老上校不耐煩地說，「南非的經歷令葛菲身心俱疲，他必須好好散心和休息，我建議他去環遊世界，暫忘不愉快的經歷。」

"Is that so?" said Dodd. "May I ask when exactly did he depart for his journey? Also, can you tell me the name of the steamship on which he is travelling? I can send a letter to the steamer's next port. The letter should be able to reach Godfrey from there."

「真的嗎？」多德道，「那麼，請問他是甚麼時候出發的？還有，他乘搭的郵輪叫甚麼名字？我會寄信到郵輪下一站停泊的港口，相信可以找到他。」

The old colonel had not expected Dodd to ask him this series of questions. In order to hold down his glowering frustration, the colonel pursed his lips and closed his eyes tightly. It was a good while before the colonel raised his head again and said crossly, "This concerns Godfrey's privacy. You can't just invade someone's privacy like that. Don't you have any manners, Mr. Dodd?"

老上校沒料到多德有此一着，他好像肚裏憋着一道悶氣似的緊閉着嘴唇和眼睛，過了好一會兒才抬起頭來，面有慍色地說：「這是葛菲個人的隱私，你怎可以隨便侵犯他人的隱私呢？這點禮貌都不懂嗎？多德先生？」

Next time on **Sherlock Holmes** — A blanched face with features very similar to Godfrey appears for a second by the window then disappears into the darkness. Who exactly is this blanched face?

下回預告：一個長得酷似葛菲的白臉人在窗外一閃而過，他究竟是誰？

看完今期專輯，是否對身體結構、功能和運作多一點了解？其實，我們的身體還有很多不為人知的秘密等待我們去發掘呢！

《兒童的學習》編輯部

黃芷晴

由上期開始，英文版福爾摩斯新增了對應的中文翻譯，分段對照閱讀更易理解。

王哲

英文版福爾摩斯有點難！

王乙

你喜歡變聰明了的森巴嗎？

8分

梁若藍

Merry Christmas!

請評分（1－10分）

非常希望可以刊登和得獎。

9分

黎悅瞳

馬他他是一個國家嗎？

馬他他聖誕老人好好笑?!

黎悅瞳上

馬他他是《森巴 Family》虛構的國家，在現實世界並不存在哦。

張峻滔

金田一一和金田一耕助有甚麼關係呢？

日本偵探推理漫畫《金田一少年事件簿》的主角。金田一一是個智商高達 180 的天才高中生，繼承了爺爺金田一耕助的偵探頭腦。

鄭娃啼

為甚麼我們會失眠？

任何影響日常生活的睡眠問題，都可視之為失眠。失眠原因很多，包括壓力、焦慮、煩惱、生病和生活模式轉變等。幾乎每個人偶爾也會失眠，如果情況持續三星期以上，就要看醫生了。

馮子萱

感謝你的支持！100 期會在 2024 年 6 月出版。

如果有任何疑問，也可寫在問卷上寄回來，教授蛋會為大家解答啊！

Samba Football (Part 1)

ARTIST: KEUNG CHI KIT   CONCEPT: RIGHTMAN CREATIVE TEAM

很熱啊~　　　　　　　　　　鴨子公園　　很熱啊~

哷！　　　　　　　　　　啪—　　　　　　　　　嘿~

噗噗噗　　　　　　　　　　　　　　　　　哷呀！

Whirl~~~

呼~~~

Do you think football is fun?

Tak!!

My name is Steven!

是否覺得足球很好玩呢？ 伏!!

我叫史提芬！

Come on! Join my football club!

It's fun! And it's a great workout as well!

來吧！一起加入我的足球隊！

很好玩的！又可以訓練技術！

Don't go! Hear me out!

Sob... Doesn't anyone like football...

不要走啊！至少先聽我説完！ 嗚……沒人喜歡足球……

Oof~

唰~

BANG~

Hey kid, why did you swallow my football!?

Spit it out! You can't eat that!

小朋友，為何你吞了我的足球!?　　砰─

吐出來！你不能吃那個！

PU—

噗—

My football is gone! Sob sob...

我的足球沒了！嗚嗚……

Pay me the football!

I saved one whole month for it!

把足球賠給我啊！

我儲了整個月錢才買到的！

Foot

ball

That's a water melon!

足球

那是西瓜！

Ho

呵

Huh!?

Pak Pak

啪啪

啊!?

x

59

Baa !!

BANG—

咤!!　　　　　　　　　砰—

The kid is a nice header, and his ball handling skills are a bit standard......

With such a strong explosive power, he is definitely an excellent football player!!

這個小孩的頭槌功夫不錯，控球技術也有點水準……

加上擁有這麼強的爆發力，絕對是一名出色的足球員!!

Let me train him to become a football's next big star!

就讓我把他訓練成足球界的明日之星！

Doesn't look easy though ...

Munch　Munch

不過看來有點難度……　　　　嗒　嗒

Full

Kid! You've got talent! Want to join my football club ?

?

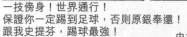

一技傍身！世界通行！
保證你一定踢到足球，否則原銀奉還！
跟我史提芬，踢球最強！

飽

史提芬足球訓練班

小朋友！你踢足球的天分那麼高！
有沒有興趣加入我的足球隊呢？

Steven's Football Training Course

Learn a skill!
Travel the world!
Guaranteed ball kicking or your money back!
With Steven, the best player!

Healthy activity !

It's fun !

So? Are you interested ?

．．．．．

怎樣？是否很有興趣呢？

Join now and get a big lollipop !

Arr

健康的活動！

很好玩的！

現在參加還會送特大波板糖！

啊

好味

嘻~　　我都想吃……　　快點吃完，
我們就可以開始訓練！

喂……大叔！　你是誰？　啊　為何請我弟弟吃波板糖？　　　　　　　　你是綁匪嗎？

哦？原來你是足球教練？　沒錯……而且是專業的！

謝謝你的波板糖！　扔　等等啊！

62

嗚……我千辛萬苦才找到一個人加入
我的足球隊……而且極具潛質……

你就當可憐我，好嗎？給我機會當一次教練吧！
我們就陪你玩一會兒吧……

嗯……

好的！好吧！

首先就教你們最基本的技巧！　　　足　球　　　這裏有個小型足球場……

很熱啊！

先做一下熱身運動！　　　　　　　　　　　　耶　　　　　　　　　　　　　　　這有點丟臉……

跟着我去做……　　　　　　　　哦

嘎……做完熱身了……　　　　開始練習吧！　　　　練~　　　這樣也叫做熱身？　　　砰—

首先要教的是控球！

森巴，來運球！ 踢 森巴！這裏啊！

球

踢 咕 啊

可惡 森巴不要發怒…… 嗚……又要買一個新球……

唏……　　　唏……　　　你做得很好！　　　我們可以去練另一種技巧了！　　　森巴練得怎樣呢？

他已經完全領悟到控球的最高技巧。　　　哈　　　哈

好！接下來是……　　　短傳！　　　砰

長傳！　砰　　　　　砰　　頭槌！

玩人浪！　　　　　　　　　　　　交換球衣！

交換短褲！　　　　　　　　　又傳球？　　　　長傳！　砰

Play dead~

装死~

Coach, why are we playing dead ?

Erm ...

教練，為何要訓練裝死？

嗯……

We have to draw fouls for penalties !

Out

It hurts~

O... Okay !

因為經常要假裝被敵人　　出場　　很痛啊~
侵犯，以博取12碼！

明……明白！

Now! Time for the final stage !

好！終於來到訓練的
最後階段！

You have learnt all the basics in football ...

But the most important thing in playing football is always...

你們已經完成了所有　　不過踢足球最重要的
足球的基本訓練……　　始終是……

Score !!

SWIFT

入球!! 嗖一

PA !

啪!

It was a wrong demonstration, do not do that !

Liar! You have poor skills at all !!

Come! Samba, you try it !

剛才是錯誤示範,千萬不要學! 騙子!你根本是技術差勁!! 來吧!森巴,你來試試!

出盡全力踢過來吧！　　射　球　　看不下去了……

巴　　　　啊！

蓬一

啊～　噗一　　　　　　　　　　　砰一　　　　　救命啊～～～～

又是這樣，每次都是　　　　　　　幸好這次不是我！　　　　　　再　見
如此完結……

森巴！我們回家吃雪糕吧！　　雪　糕　　　嗨！　　　這麼快？　　　我回來了!!

Who threw this at me during my match!?

I lose the game because of it!

森巴!
Samba!

Me

How honest...

究竟是誰在我正在比賽時拋東西過來!?

害我輸了比賽!

我　　真誠實……

Do you think you played well?

Well

你認為你踢得很好？

好

Dare to have a game with me?

Dare

敢不敢跟我來一場比賽？

敢

Right! We'll play a 3 on 3 match then!

Foot ball

好！那麼我們就來一場三對三的比賽吧！

足球

Ball

球

We'll play next issue!

Huh

下期繼續！

吓　待續……

To be continued...

請貼上
$2.0郵票

香港柴灣祥利街**9**號
祥利工業大廈**2**樓**A**室
兒童的學習 編輯部收

大家可用
電子問卷方式遞交

2022-2-15　　▼請沿虛線向內摺

請在空格內「✔」出你的選擇。

問卷

有關今期內容

Q1：你喜歡今期主題「人體的秘密」嗎？
01□非常喜歡　　02□喜歡　　03□一般　　04□不喜歡　　05□非常不喜歡

Q2：你喜歡小說《大偵探福爾摩斯──實戰推理短篇》嗎？
06□非常喜歡　　07□喜歡　　08□一般　　09□不喜歡　　10□非常不喜歡

Q3：你覺得SHERLOCK HOLMES的內容艱深嗎？
11□很艱深　　12□頗深　　13□一般　　14□簡單　　15□非常簡單

Q4：你有跟着下列專欄做作品嗎？
16□巧手工坊　　17□簡易小廚神　　18□沒有製作

＊讀者意見區

＊快樂大獎賞：
我選擇(A-I)

只要填妥問卷寄回來，
就可以參加抽獎了！

感謝您寶貴的意見。

請沿實線剪下

請沿實線剪下

＊本刊有機會刊登上述內容以及填寫者的姓名。

讀者檔案

#必須提供

#姓名：		男 女	年齡：		班級：

就讀學校：

#聯絡地址：

電郵：	#聯絡電話：

你是否同意，本公司將你上述個人資料，只限用作傳送《兒童的學習》及本公司其他書刊資料給你？（請刪去不適用者）

同意/不同意　簽署：＿＿＿＿＿＿＿＿　日期：＿＿＿＿年＿＿＿月＿＿＿日

「收集個人資料聲明」可參看右頁

讀者意見

A 學習專輯：人體的秘密
B 大偵探福爾摩斯——
　實戰推理短篇 黃金船首像
C 巧手工坊：擺動雙臂的李大猩
D 快樂大獎賞
E 簡易小廚神：茄汁椰菜卷
F 食物Quiz

G 成語小遊戲
H 1分鐘提升閱讀能力
I SHERLOCK HOLMES：
　The Blanched Soldier②
J 讀者信箱
K SAMBA FAMILY：
　Samba Football (Part 1)

＊請以英文代號回答**Q5**至**Q7**

Q5. 你最喜愛的專欄：
第 1 位 19＿＿＿＿＿＿　第 2 位 20＿＿＿＿＿＿　第 3 位 21＿＿＿＿＿＿

Q6. 你最不感興趣的專欄：22＿＿＿＿＿　原因：23＿＿＿＿＿＿＿＿＿＿＿＿

Q7. 你最看不明白的專欄：24＿＿＿＿＿　不明白之處：25＿＿＿＿＿＿＿＿＿

Q8. 你覺得今期的內容豐富嗎？
26□很豐富　　27□豐富　　28□一般　　29□不豐富

Q9. 你從何處獲得今期《兒童的學習》？
30□訂閱　　31□書店　　32□報攤　　33□OK便利店
34□7-Eleven　　35□親友贈閱　　36□其他：＿＿＿＿＿＿＿＿＿＿＿＿

Q10. 你通常會透過哪些途徑購買圖書？（可選多項）
37□正文社網店　　38□書店　　39□便利店　　40□書報攤
41□香港書展　　42□學校書展　　43□商場展銷　　44□HKTVMall
45□網上書店　　46□其他：＿＿＿＿＿＿＿＿＿＿＿＿＿＿＿＿

Q11. 你還會購買下一期的《兒童的學習》嗎？
47□會　　48□不會，請註明：＿＿＿＿＿＿＿＿＿＿＿＿＿＿＿＿